粮食作物生产小百科

主要粮食作物种植制度与农事历：玉米

全国农业技术推广服务中心 编著

中国农业出版社
北 京

编著者名单

主　　编：贺　娟　鄂文弟
副 主 编：王龙俊　赵久然
编著人员（按姓氏笔画排序）：

马　群　　王　生　　王　琛　　土龙俊
王荣焕　　牛康康　　方立魁　　平秀敏
史宏伟　　史瑞琪　　冯宇鹏　　朱志明
汤颢军　　刘阿康　　闫相如　　孙多鑫
孙明珠　　李　刚　　李　婧　　李　晴
李晓荣　　杨　微　　邹　军　　宋长水
陈彦杞　　周　璇　　郑　浩　　胡　博
赵久然　　南张杰　　侯海鹏　　贺　娟
高增立　　郭俊廷　　黄友访　　鄂文弟
崔阔澍　　梁　健　　隆　英　　蒋小忠
韩　伟　　傅志伟　　潘广元

FOREWORD

　　随着世界百年变局全方位、深层次加速演进，来自外部的打压遏制不断升级，全球农业产业链供应链不确定因素明显增多。以中国式现代化全面推进强国建设、民族复兴伟业，对"三农"工作提出了新的更高要求，必须全方位夯实粮食安全根基，增强农业产业链供应链韧性和稳定性。我国农业地域差异明显，类型复杂多样，光温资源高效利用和种植制度还有优化空间，防灾减灾周年稳产增产能力还有待进一步挖掘，需要准确把握形势，高质量推进生产种植。

　　摸清现行生产底数是设计优化周年熟制的基础，是利用好周年光温资源，降低作物生长关键期与自然灾害高发期碰头风险的重要依据。随着品种更新换代、农业机械和生产方式升级、自然气候变化等，生产种植制度、栽培技术也随之变化。目前关于我国气象、育种、栽培方面的科技书籍较为丰富，但与主要粮食作物种植制度相关的资料略显缺乏，且系统性、可读性、科普性不足，发布时间、内容也难以全面体现近年生产种植情况。

　　为系统梳理我国主要粮食作物现行种植制度与栽培技术，全国农业技术推广服务中心联合各级农业技术推广机构、有关专家编写了"主要粮食作物种植制度与农事历"

系列书籍，按照不同生态区、作物、熟制等，围绕小麦、玉米、水稻等主要粮食作物，介绍作物基本情况，梳理主产区和不同生态区种植制度，并按时间轴详细分析每月不同产区作物生长进度，提出农事建议。

本书以技术普及为重点，通过简单直观的方式叙述，图文并茂，可供农业管理人员、技术人员以及广大农业从业人员参考使用。尤其书中着重回答了主要粮食作物种在哪儿、怎么种和怎么长的问题，有利于社会大众直观理解我国主要粮食作物生产种植基本情况，提升兴趣。

本书编写过程中得到了各级农业技术推广部门、农情部门和有关专家的大力支持，获得了大量资料和意见建议，在此一并表示衷心感谢！本书基于2022—2023年生产实际编写，因生产种植情况较为复杂，为突出重点、方便理解，书中仅体现主要种植制度和重点农事操作，暂未全面收录不同小气候环境下的多元种植模式；且种植制度与农事操作年际间多有变化，本书更偏重资料性参考，实际种植优化还应因地制宜在当地农业技术人员等指导下进行。本书覆盖范围广、编写时间短，加之编著者水平有限，难免存在不足之处，敬请广大读者批评指正。

编著者

2024.4

目录
CONTENTS

第一章　玉米基本情况和生育时期

一、玉米基本情况

玉米是世界上最重要的粮饲兼用作物，起源于现在的墨西哥等中南美洲一带，16 世纪传播至我国，现已成为我国种植面积、总产第一大粮食作物，2023 年播种面积 66 328 万亩*，总产 28 884.2 万吨，单产 435.5 千克/亩。

（一）玉米的生物学特性

玉米，即玉蜀黍（*Zea mays* L.），属于禾本科（Gramineae）玉蜀黍族（Maydeae）玉蜀黍属（*Zea*）一年生草本植物。

秆直立，通常不分枝，高 1～4 米，基部各节具气生根。

叶片扁平宽大，线状披针形，基部圆形呈耳状，无毛或具疣柔毛，中脉粗壮，边缘微粗糙。叶鞘具横脉；叶舌膜质，长约 2 毫米。

顶生雄性圆锥花序，主轴与花序轴及其腋间均被细柔毛；雄小穗孪生，每对雄小穗中一个为有柄小穗位于上方，一个为无柄小穗位于下方；基部两侧着生颖片，两颖近等长，膜质，约具 10 脉，被纤毛；外稃及内稃透明膜质，稍短于颖；花药多为黄色，长约 5 毫米。雌花序为肉穗花序，被多数宽大的鞘状苞片所包藏；

雌小穗孪生，呈 12～30 纵行排列于粗壮花序轴上，护颖革质；外稃及内稃透明膜质，雌蕊具极长而细弱的线形花丝。

果实为颖果，球形或扁球形，成熟后露出颖片和稃片之外，其大小随生长条件不同产生差异，一般长 5～15 毫米，胚长为颖果的 1/2～2/3。

（二）我国玉米的分类

按播种季节我国玉米一般分为春玉米、夏玉米、秋玉米、冬玉米。春玉米一般指春季播种的玉米，我国由南向北 2—5 月均有播种，以 5 厘米土层温度稳定在 10℃以上播种为宜。夏玉米一般指夏季播种的玉米，前茬作物多为冬小麦，主要分布在我国黄淮海玉米区。秋玉米一般指立秋前后通常在 7 月下旬至 8 月上旬播种的玉米，主要分布于浙江东部、广西中南部和云南南部，前茬作物多为早稻。冬玉米一般指秋季末期或 9 月之后播种、越冬生长的玉米，多为鲜食玉米。

按生育期长短可分为早熟、中熟、晚熟三类。早熟种指生育期 70～110 天、有效积温 2 000～2 350℃的品种（杂交种），一般株矮、秆细，叶 14～17 片，极早熟的可能只有 8～10 片，果穗多为短锥形，千粒重 150～250 克。中熟种指生育期 110～125 天、有效积温 2 350～2 650℃的品种（杂交种），一般叶 18～20 片，果穗大小中等，千粒重 200～300 克。晚熟种指生育期 125～150 天、有效积温 2 650～3 200℃的品种（杂交种），一般植株高大，叶 22～25 片，果穗较大，千粒重 300 克左右（图 1-1）。

按株形可分为紧凑型、半紧凑型和平展型。紧凑型表现为果穗以上叶片上冲，植株上下部叶片较短，叶片与茎秆夹角小，一般不超过 30°；紧凑型玉米适合高密度种植，群体透光性好，具有较高的密植高产潜力。平展型表现为果穗以上叶片平展，叶尖下垂，植

图1-1 早熟（左）、中晚熟（右）品种对比

株上部叶片较长，叶片与茎秆夹角大于45°；一般个体粗壮，群体透光差，不宜高密种植。半紧凑型介于紧凑型和平展型之间（图1-2）。

图1-2　紧凑型（左上）、半紧凑型（右上）与平展型玉米（下）

按籽粒组成成分和特殊用途我国玉米常分为普通玉米和特用玉米。特用玉米又称专用玉米，指具有较高经济价值、营养价值或加工利用价值的玉米，主要包括鲜食玉米、青贮玉米、高赖氨酸玉米、高油玉米、爆裂玉米等。鲜食玉米用途和食用方法有类似于蔬菜的性质，既可蒸煮后直接食用，也可加工制成罐头、加工食品、冷冻食品等，常又分为糯玉米、甜玉米、甜加糯玉米、笋玉米，其中糯玉米是起源于我国的变异类型，籽粒不透明、无光泽，胚乳淀粉几乎全由支链淀粉组成，煮熟后黏软，具有较高的黏滞性及适口性，也是食品工业基础原料，还广泛用于胶带、黏合剂、造纸等工业生产。甜玉米是甜质型玉米的简称，是玉米按籽粒形态结构分类的八大类型之一，因其籽粒在乳熟期含糖量高而得名。甜加糯玉米是我国自主科技创新培育的一种鲜食玉米新类型。该类型品种是通过遗传学方法，使双隐性或多隐性甜质基因与糯质基因杂合，自交后代产生显隐性基因分离，从而实现同一个果穗上同时出现糯质和甜质籽粒。笋玉米即娃娃玉米，在玉米生产上以采收幼嫩果穗为目的。青贮玉米是指收割乳熟期至蜡熟期的整株玉米（全株型青贮），也可以在玉米果穗收获之后或同时，只将收获的青绿茎叶植株（秸秆兼用型青贮），经切碎加工和贮藏发酵，调制成饲料饲喂家畜，能够显著提高玉米的饲用品质和饲用价值。高赖氨酸玉米是普通玉米通过遗传改良，使籽粒中赖氨酸含量提高 70% 以上的玉米，又称优质蛋白玉米或高营养玉米。高油玉米指籽粒含油量比普通玉米平均高 50% 的粒用玉米（普通玉米籽粒含油量一般在 4%～5%）。爆裂玉米是一种专门用来制作爆米花的特用玉米，与其他玉米最大区别是：籽粒在常压下加热、烘烤就可爆制成玉米花，膨爆系数达25～45 倍（图 1-3）。

图 1-3　特用玉米（左：糯玉米；右上：笋玉米；右下：甜玉米）

（三）我国玉米的综合利用

我国玉米消费可分为饲用、工业加工原料、食用、出口及其他（种子、损耗），受饲料需求和深加工需求拉动，我国玉米需求在过去 20 年间持续增长。2000 年我国玉米总消费量为 1.20 亿吨，2010 年全年消费需求接近 2 亿吨，其中约 60％用于饲料，25％用于深加工。2015 年以来，我国玉米需求呈现快速增长趋势，到 2020 年总消费量达 2.87 亿吨（图 1－4）。

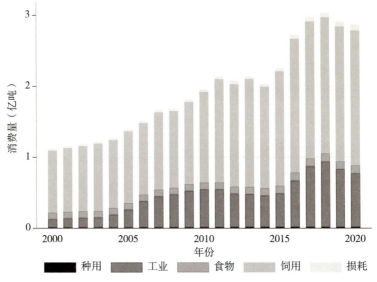

图 1－4　我国玉米消费总量与结构变化

（数据来源：布瑞克农业大数据玉米平衡表）

　　玉米具有较好的经济利用价值，全株均可利用，加工、深加工产业链长，产品广泛用于食品、纺织、造纸、化工、医药、建材等行业。主要加工路径如图 1－5 所示。

图1-5 玉米主要产品种类和加工路径

二、玉米生育时期

玉米的生育期指玉米从出苗到成熟的时间，其中根据植株形态发生特征变化，又分为不同生育时期，一般包括播种期 *、出苗期、三叶期、拔节期、大喇叭口期、抽雄期、开花期、吐丝期、籽粒形成期、乳熟期、蜡熟期、成熟期。具体见图 1－6。

图 1－6　玉米的一生（引自《作物栽培学各论（北方本）》）

---

　　* 播种期不是常规意义上的生育时期，生育时期通常指作物某一新器官的出现使植株形态发生特征性变化的时期。

1. 播种期 指玉米播种的时间。一般需要根据土壤墒情、耕层温度和气候条件等综合确定适宜播种期，并确保一次播种保全苗进而提高群体整齐度。北方春播区一般在 5 厘米地温稳定达到 10℃ 以上时，土壤墒情适宜地块可抢墒播种。为促进苗齐苗匀，可搭配滴水出苗、播后浇"蒙头水"等措施。

2. 出苗期 第一片真叶展开，植株露出地表 2～3 厘米，生产上多指全田 50% 幼苗第一片真叶出土展开的日期（图 1-7）。虽然此期较短，但外界环境对种子的生根、发芽、幼苗出土以及保证全苗有重要作用。

图 1-7 玉米出苗期

3. 三叶期 植株第三片叶露出心叶 2～3 厘米。玉米进入三叶期，种子贮藏的养分耗尽，植株由自养过渡到异养，通过吸收外部营养生长繁殖（图 1-8）。

4. 拔节期 全田 50% 的植株茎基部节间开始伸长的日期，雄穗生长锥进入伸长期。此期茎基部已有 2～3 个节间开始伸长，植株开始旺盛生长，是玉米营养生长和生殖生长的并进阶段（图 1-9）。

图 1-8　玉米三叶期

图 1-9　玉米拔节期

5. 大喇叭口期 雌穗小花分化期，雄穗主轴中上部小穗长度达 0.8 厘米，棒三叶甩开呈喇叭口状，也是玉米穗粒数形成的关键时期（图 1-10）。

图 1-10 玉米大喇叭口期

6. 抽雄期 全田 50％的雄穗主轴从顶叶露出 3～5 厘米的日期（图 1-11）。这时植株的根节层数不再增加，叶片即将全部展开，茎秆下部节间长度与粗度基本固定，雄穗分化已经完成。

7. 开花期 全田 50％的雄穗主轴小穗开花散粉的日期，此时雌穗分化完成（图 1-12）。

8. 吐丝期 全田 50％的雌穗花丝从苞叶伸出 2～3 厘米的

图 1-11 玉米抽雄期

日期。在正常情况下，吐丝期与雄穗开花期同时或延后1～2 天（图1 - 13）。

图 1 - 12　玉米开花期

图 1 - 13　玉米吐丝期

9. 籽粒形成期　植株果穗中下部籽粒体积基本形成，胚乳呈清浆状，也称灌浆期（图 1-14）。

10. 乳熟期　植株果穗中部籽粒干重迅速增加并基本建成，胚乳呈乳状至糊状。

11. 蜡熟期　植株果穗中部籽粒干重接近最大值，胚乳呈蜡状，用指甲可以划破。

12. 成熟期　全田 90％以上的植株籽粒变硬，果穗中下部籽粒乳线消失，胚位下方尖冠处出现黑色层。这时籽粒干硬，呈现品种固有的形状和粒色，是收获的时期（图 1-15）。

图 1-14　玉米灌浆期

图 1-15　玉米灌浆至成熟

13

02 第二章 玉米种植分布和种植制度

一、我国玉米的种植分布

我国幅员辽阔，玉米分布范围极广。东自台湾和沿海各省，西至新疆及西藏高原，南自北纬18°的海南岛，北至北纬53°的黑龙江黑河地区都有栽培。按照各地自然条件、种植制度等，主要分为六大玉米产区（表2-1），包括北方春播玉米区、黄淮海夏播玉米区、西北灌溉玉米区、西南山地玉米区、南方丘陵玉米区、青藏高原玉米区。其中北方春播玉米区是我国最大的玉米产区，种植面积约占全国的40%，总产量占全国的45%。黄淮海夏播玉米区是我国第二大玉米产区，常年播种面积占全国的32%左右，总产量占全国的40%左右。

表2-1　我国玉米种植分布表

产　区	省　份
北方春播玉米区	黑龙江、吉林、辽宁、宁夏、内蒙古全部，北京、河北、陕西北部，山西大部及甘肃一部分
黄淮海夏播玉米区	山东、河南、天津全部，北京、河北、山西南部，陕西中南部，江苏、安徽北部
西北灌溉玉米区	新疆全部，甘肃河西走廊
西南山地玉米区	四川、重庆、云南、贵州全部，广西、湖北、湖南西部
南方丘陵玉米区	广东、海南、福建、浙江、上海、江西、台湾全部，江苏、安徽南部，广西、湖南、湖北东部
青藏高原玉米区	青海、西藏全部

二、我国玉米的种植制度

玉米种植制度因区域、环境不同差异较大，包括地区年内、年际间玉米和其他作物组成、配置、熟制与间套作、轮连作等种植方式，一般与当地农业资源、生产条件、种植养殖产业需求和整个农村经济相适应。

1. 北方春播玉米区 气候特征为寒温、半湿润，0℃以上积温 2 500～4 100℃，10℃以上积温 2 000～3 600℃，无霜期 130～170天，年降水量一般 400～800 毫米。玉米种植制度**以春播一年一熟为主**，播期多为 4—5 月，9—10 月收获。

其中西部，如内蒙古中西部巴彦淖尔市、鄂尔多斯市、乌海市、阿拉善盟等 4 月中旬—5 月上旬播种，9 月上旬—10 月上旬收获。中部受温度、海拔等影响有所差异，如内蒙古呼和浩特、包头4 月下旬—5 月上旬播种，9 月中下旬—10 月上旬收获；山西大同、朔州、忻州 5 月上旬覆膜播种，9 月中旬收获；山西中部太原等地4 月下旬—5 月上旬播种，9 月下旬收获。东部总体自南向北播期逐步推迟，辽宁 4 月上旬—5 月中旬播种，9 月中旬—10 月中旬收获；吉林长春等地 4 月下旬—5 月上旬播种，9 月下旬—10 月中旬收获；黑龙江哈尔滨、齐齐哈尔等一、二积温带 4 月下旬—5 月上旬播种，9 月下旬—10 月上中旬收获；黑龙江鹤岗等三、四积温带5 月上旬—中旬播种，9 月收获；黑龙江伊春等五、六积温带 5 月中旬播种，9 月上中旬收获。

2. 黄淮海夏播玉米区 气候特征为暖湿、半干半湿，0℃以上积温 4 100～5 200℃，10℃以上积温 3 600～4 700℃，无霜期170～240 天，年降水量一般 400～800 毫米。玉米种植制度以冬小麦—夏玉米一年两熟为主，部分地区为冬油菜—夏玉米一年两熟，山西南部等部分地区有玉米—小麦—大豆等两年三熟模式，旱作区等也有一年一熟模式。

一年两熟夏玉米多为6月播种，9—10月收获。其中，安徽淮北地区夏玉米6月播种，9月下旬—10月上旬收获；江苏北部6月上中旬播种，9月下旬—10月上旬收获；河南、山东多地6月上中旬播种，9月下旬—10月上旬收获；山西南部临汾、运城等地6月上中旬播种，10月上旬收获；陕西西安、咸阳等关中灌区6月播种，9月下旬—10月上旬收获。

两年三熟以山西晋城玉米—小麦—大豆为例，玉米大豆多为4月下旬—5月上旬播种，9月下旬—10月上旬收获。

此外，该区域两年三熟模式也存在套种或复种等情况，如春玉米—冬小麦—夏玉米等。一年一熟以陕西渭北旱塬为例，咸阳、渭南部分地区玉米4月中下旬—5月上旬播种，9月下旬—10月上旬收获。

3. 西北灌溉玉米区 气候特征为温、极干，0℃以上积温3 000～4 100℃，10℃以上积温2 500～2 600℃，无霜期130～180天，年降水量一般200～400毫米。玉米种植制度以春播一年一熟为主，播期多为4—5月，9—10月收获；南疆部分地区一年两熟，形成小麦—玉米、油菜—玉米、玉米—高粱、西瓜/甜瓜—玉米等多种种植模式。

一年一熟春玉米分布在本区的新疆北疆、南疆和甘肃河西走廊，其中甘肃河西内陆河流域及沿黄灌溉区如酒泉、张掖4月下旬—5月上旬播种，9月中下旬收获；甘肃黄土高原旱作春玉米区如兰州市、临夏回族自治州4月中下旬播种，9月中下旬—10月上旬收获；新疆北疆如乌鲁木齐4月下旬—5月上中旬播种，9月收获；塔城地区额敏县4月上旬—5月上旬播种，9月中下旬收获；新疆南疆如巴音郭楞蒙古自治州库尔勒市春玉米4月上中旬播种，9月上旬收获；阿克苏地区4月上中旬播种，9月中下旬收获。

一年两熟玉米多分布在新疆南疆，吐鲁番市高昌区玉米—大粒高粱模式，玉米3月播种，6月中下旬收获；西瓜/甜瓜—玉米模式，玉米6月上中旬播种，9月下旬—10月上旬收获。巴音郭楞蒙古自治州焉耆回族自治县小麦—玉米模式，青贮夏玉米7月中旬播种。阿克苏地区阿克苏市小麦—玉米模式，夏玉米6月中下旬播种，9月下旬—10月上旬收获。和田地区油菜—玉米模式，复播玉米6月上中旬播种，9月下旬—10月上旬收获。

4. 西南山地玉米区　气候特征为温暖、亚热、湿，0℃以上积温5 200~6 000℃，10℃以上积温4 700~5 500℃，无霜期240~330天，年降水量一般800~1 200毫米。玉米种植制度相对复杂，包括一年一熟、两熟、三熟、四熟等，且间套作多样。

一年一熟，如重庆西部大足区3月播种，7月中下旬收获；东北部开州区3月中旬—4月中旬播种，7月下旬—9月上旬收获。贵州低海拔地区3月播种，8—9月收获；中海拔地区4月播种，9月下旬收获；高海拔地区5月播种，10月上旬收获。云南多地2—6月播种，8—11月收获。广西百色高寒山区4月下旬播种，8月下旬收获。

一年两熟，包括玉米—玉米、玉米—油菜/甘薯/大豆/小麦/青稞、春马铃薯/大豆/早稻—玉米等模式，且常见间套作。其中，玉米—玉米，如广西钦州春玉米2月中旬—3月初播种，7月初收获；秋玉米7月中旬播种，10月中旬—11月上旬收获。玉米—油菜，如重庆潼南区春玉米3月中下旬—4月中旬播种，7月中旬—下旬收获。玉米—马铃薯，如四川南部攀枝花春玉米4月上旬—5月上旬播种，7月上旬—8月上旬收获。玉米—小麦，如云南昆明等地玉米3月下旬—5月上旬播种，9月中下旬—10月下旬收获。早稻—秋玉米，如广西北部河池等地，秋玉米 7 月下旬—8 月上旬播种，11 月上中旬收获。春马铃薯—玉米，如重庆云阳县，夏玉米 6 月中下旬播种。此外，还有玉米（高粱）—大豆/小麦（油菜）一年两熟三作等模式，如重庆垫江县春玉米 3 月上旬播种，7 月下旬收获。

一年三熟，一般玉米季以外的两茬作物生育期较短，或结合套作三熟，如广西钦州等地玉米（鲜食）—玉米—蔬菜，鲜食玉米 2 月上旬—3 月上旬播种，籽粒玉米 7 月上中旬播种；云南普洱南部热区、西双版纳傣族自治州勐腊县玉米—玉米（鲜食）—玉米（鲜食），3 月下旬—5 月上旬播种春玉米，8—9 月播种秋玉米，11 月中下旬播种冬玉米。一年三熟套作模式，如重庆忠县春马铃薯—玉米—甘薯/秋马铃薯，春马铃薯（5 月收获）田间预留行，玉米 3 月中下旬播种，7 月下旬—8 月上旬收获。

一年四熟，如广西崇左鲜食玉米—鲜食玉米—鲜食玉米—蔬菜，三茬鲜食玉米分别播于 1—2 月、5 月、8 月。

5. 南方丘陵玉米区 气候特征为亚热、湿，0℃ 以上积温 5 000～9 000℃，10℃ 以上积温 4 500～9 000℃，无霜期 250～365 天，年降水量一般 1 000～2 500 毫米。玉米种植制度相对复杂，一年一熟、两熟、三熟等均有。

一年一熟，如福建南部漳州玉米 3 月上旬—4 月上旬播种，9 月上中旬—10 月上旬收获；江西西部萍乡 5 月下旬—6 月上旬播种，9 月中下旬收获。

一年两熟，包括玉米—玉米、油菜/早稻—玉米、玉米—大豆/水稻等。其中油菜—玉米，如安徽江淮地区，玉米 6 月上旬播种，9 月下旬—10 月下旬收获；玉米—大豆，如广东韶关，玉米 2 月下旬—3 月上旬播种；玉米—水稻/玉米，如福建中部三明，春玉米 3—4 月播种，秋玉米 8 月上旬播种；早稻—玉米，如福建南部漳州秋玉米 8 月上旬播种，11 月收获。

　　一年三熟，如广东惠州鲜食玉米—中稻—冬马铃薯，鲜食玉米1月中下旬播种，5月上旬收获；广西贺州玉米（鲜食）—玉米—蔬菜，鲜食玉米2月上旬—3月上旬播种，籽粒玉米7月上中旬播种。

　　6. 青藏高原玉米区　气候特征为高寒、干，0℃以上积温<3 000℃，10℃以上积温<2 500℃，无霜期110～130天，年降水量一般300～650毫米。玉米种植制度为春播**一年一熟**，播期多为4—5月，8—9月收获，常做青贮。

　　青海东部农业区如西宁籽粒玉米、青贮玉米4月中旬播种，8月中旬—10月中旬收获；青海柴达木盆地如海西蒙古族藏族自治州青贮玉米4月中旬—5月上旬播种，8月中下旬收获；青海环湖地区及海南台地如海北藏族自治州青贮玉米4月下旬—5月上中旬播种，9月中下旬收获。西藏地区玉米面积较小，拉萨河谷农区青贮玉米5月上中旬播种，日喀则低海拔区域5月中下旬播种。

三、我国玉米的生产概况

　　我国玉米主要分布在东北至西南的一个弧形带，包括从黑龙江经吉林、辽宁、河北、山东、河南、山西、陕西转向四川、贵州、云南和广西的12个省份。其中东北和华北是在平原上种植玉米，其他约65%的玉米分布在丘陵坡地上。

　　进入21世纪以来，我国玉米种植面积增幅很大，单产震荡提高，总产呈稳步提升的总态势。22年间单产累计增加123千克/亩，增幅40%。"十三五"时期我国玉米面积稳定在6.3亿亩左右，玉米生产结构持续调优，区域布局进一步优化，核心产区作用日益突出，单产水平屡创历史新高，2017年起单产稳定保持在400千克/亩以上，2020年首次突破420千克/亩，较2015年（392.9千克/

亩）提高 7.2%。"十四五"开局主产区受台风、洪涝等重大灾害影响，单产有所波动，随着一喷多促等减灾丰产技术大面积推广应用，2022 年玉米单产实现了 429 千克/亩的历史新高。但与发达国家相比，我国玉米单产还有较大的提升空间。2021 年，我国玉米单产水平在全球超千万亩规模以上国家中位列第 10，与排名第 1 的美国差值 321 千克/亩，与欧洲排名第 1 的法国差值 241 千克/亩。排除耕作制度、地力水平、气候条件等因素，我国玉米主要在品种、密度、技术上与发达国家存在一定差距，我国高产耐逆多抗品种有限、缺乏突破性品种且品种同质化严重，种子质量标准有待提高；耕地存在"浅、实、少"问题，水肥调控不精确，后期肥水供应难度大；种植密度有待提升，品种机械技术不匹配，应对极端气候基础设施和技术支撑不足，先进科学技术成果标准化和到位率不足。再加上生产单元规模、机械化水平和农户种植习惯等因素影响，多层次制约我国玉米单产水平提升。未来随着玉米价格回升、政策导向增强、新产品新技术投入加大、地力培肥和灌溉保障等手段加强，我国玉米单产将得到进一步提升。

03 第三章 玉米农事历

1月

1 月			
地域	时期	生育进程	主要农事
西南山地玉米区	上旬 中旬 下旬	云南一年三熟玉米在田，多为鲜食玉米。西南地区玉米尤其鲜食玉米为满足市场供应一般分期播种，田间生育进程相对不一致，如普洱9月中下旬播种的秋玉米即将收获，11月中下旬播种的冬玉米正在灌浆	冬播玉米：做好种子包衣、高质量播种、科学施肥和增施有机肥，有必要的覆膜栽培 拔节至大喇叭口期鲜食玉米：注重追肥和病虫防控，详见11—12月农事 采收期鲜食玉米：注意适期收获，一般甜玉米最佳采收期为授粉后20~23天，糯玉米最佳采收期为授粉后22~26天，应适采期前3天每日监测成熟度。采收后切忌在较高温度下放置时间过长，以免影响产量、品质和商品性。鲜食玉米秸秆含糖量高、营养丰富、适口性好，果穗采收后，秸秆可直接用于青贮饲料，进一步提高全株利用率和生产附加值

（续）

1 月			
地域	时期	生育进程	主要农事
南方丘陵玉米区	上旬 中旬 下旬	福建、广东、广西等地一年三熟、四熟秋玉米或鲜食玉米在田。秋冬玉米尤其是鲜食玉米播期相对不固定，如广东湛江鲜食玉米 1—4 月均有成熟采收（上年 9—12 月播种），广东惠州鲜食玉米 1 月中下旬陆续播种	同西南山地玉米区

　　注：由于西南山地和南方丘陵玉米区鲜食玉米周年生产供应，后续旬历中将不再重复体现，鲜食玉米播种和田间管理详见 11、12 月。

云南西双版纳州景洪市鲜食
玉米生育进程（2024.1.8）

广西百色市右江区鲜食玉米
生育进程（2024.1.15）

广西防城港市东兴市籽粒
玉米生育进程（2024.1.24）

2月

2 月			
地域	时期	生育进程	主要农事
西南山地玉米区	上旬	冬作玉米尤其是鲜食玉米在田	播前精细整地：加快前茬作物秸秆处理和条带耕作精细整地，如需深耕应在前茬作物收获后立即进行，耕深25厘米左右。基肥翻压入土与旋耕整地相结合，做到表土细碎、地面平整、上虚下实 合理确定播期：适宜播种期开始的标准是5厘米地温稳定通过10℃，地膜覆盖可提前5~7天。春播期间气候不稳定，应因地制宜科学确定播期，主动避灾防灾，春旱或低温突出的地块推迟播种，待发生有效降雨或气温回升后及时播种，或进行育苗移栽
	中旬下旬	云南局部、广西南部春玉米开始播种，如防城港玉米—甘薯一年两熟春玉米2月中旬—下旬播种	
南方丘陵玉米区	上旬	福建局部一年一熟春玉米开始播种	
	中旬下旬	广东、广西一年两熟玉米开始播种	

云南西双版纳州勐海县鲜食玉米生育进程（2024.2.15）

广西防城港市东兴市籽粒玉米生育进程（2024.2.19）

3月

3 月			
地域	时期	生育进程	主要农事
西北灌溉玉米区	上旬 中旬 下旬	局部零星播种，如新疆吐鲁番玉米—高粱一年两熟模式，3月上旬—下旬播种	备耕备播：密切关注天气变化，及时高质量高标准整地、备耕。提高秸秆还田质量，并对田间未清理或闲置在田地块加快清理秸秆，推进不还田秸秆离田进度 品种选择：选择通过审定生育期合适的品种，根据灌溉条件、地力水平选择株型紧凑、穗位适中、抗逆性强的高产品种
西南山地玉米区	上旬 中旬 下旬	总体自南向北启动播种，贵州低海拔区3月上旬—下旬播种，重庆西部大足区、中部垫江县开始播种，云南一年两熟小麦后茬玉米3月下旬起陆续播种，四川中东部玉米—甘薯（大豆）模式3月上旬—4月上旬播种，重庆薯玉苕模式3月中下旬播种。云南、四川部分2—3月初播种玉米出苗	因地选种：根据当地气候特点和病虫害流行情况选择品种，较大种植区应考虑品种搭配种植、互补增抗。水肥条件较好地区可选耐密高产品种，间套作建议选择紧凑或半紧凑型品种，增加通风透光 种子处理：购买经过精选、分级和包衣的种子，根据包装上包衣药剂成分和当地病虫害情况，有必要的进行二次包衣。播种前一周可晒种2~3天，提高发芽率
南方丘陵玉米区	上旬 中旬	福建一年一熟、一年两熟玉米陆续播种；广西等地2月播种春玉米陆续出苗	
	下旬	江西一年两熟、湖北山区一年一熟春玉米陆续播种	

广西崇左市江州区玉米生育　　　　　　重庆开州区玉米生育
进程（2024.3.30）　　　　　　　　　进程（2023.3.30）

四川自贡市荣县玉米生育进程（2024.3.30）

4 月

4 月			
地域	时期	生育进程	主要农事
北方春播玉米区	上旬	辽宁局部零星启动播种	分类整地：秋整地秸秆深翻还田地块，坚持保底墒、封表墒，土层化冻7～8厘米时顶凌耙墒，15～18厘米时再耙地、起垄、镇压连续作业；秋整地起垄地块，土层化冻3～5厘米时顶凌镇压。春整地土壤墒情好的地块，采取旋耕灭茬、深松整地，也可翻耕、耙、耱、起垄、镇压连续作业；缺墒地块，尽量少动土，采取少耕或免耕方式灭茬播种或原垄卡种；土壤黏重地块，采用播种带条带旋耕整地方式，尽量做到即耕即播；土壤过湿地块，适时机械散墒作业，明水地块及时排水降湿散墒
	中旬下旬	大面积播种由南向北陆续启动。宁夏引黄灌区、中南部山区、陕西渭北旱塬、陕北旱作区、内蒙古西部、河北中北部和东部、辽宁等地4月中下旬陆续启动大面积播种；吉林西部、中部，内蒙古中部、东部局地，黑龙江一、二积温带等4月下旬开始大面积播种	
西北灌溉玉米区	上旬	新疆局地一年一熟春玉米零星播种	确定播期：一般5～10厘米土层地温稳定在8～10℃为春玉米适播期的开始。北方及西北春玉米适播期一般在4月中下旬—5月上旬。根据土壤墒情、耕层温度和气候条件等综合确定适宜播种期，土壤墒情适宜地块可采用机械单粒精量播种机进行抢墒播种；土壤墒情差、有水浇条件地块可采取膜下滴灌、浅埋滴灌等抗旱播种技术；易旱、无水浇条件地块，可采取免耕、平播或垄沟播种等方式，适当深播或深覆土，加重镇压；土壤湿度大、地温低地块，提早起垄散墒、提高地温，垄上播种，适当浅播或浅覆土，隔天适度镇压。西北旱作雨养区根据墒情适度拉长播期，等雨适墒播种。旱情严重地块，宜采取"坐水种"或浇水造墒后播种
	中旬下旬	新疆多地一年一熟春玉米大面积播种，甘肃河西内陆河流域及沿黄灌溉区4月下旬开始播种	

(续)

地域	时期	生育进程	主要农事
			优选良种：选择通过审定、生育期适宜的高产优质高抗品种，选择优质种子，注意品种搭配。降雨、地力好地块或水肥一体化地块宜选择耐密高产品种，干旱严重地区适当选用早熟品种
			种子包衣：根据田间病虫害常年发生情况明确防治对象，有针对性地选择包衣种子，杜绝"白籽"下地。精选种子，有条件的播前1周晒种，提高发芽率。机械单粒精播应选择符合单粒精播标准的种子
			肥水运筹：根据土壤条件、产量水平、品种特性、种植密度等科学肥水管理。综合运用秸秆还田、土壤深松、增施有机肥、化肥机械侧深施、缓控释肥以及滴灌水肥一体化等技术，提高肥水利用率。一般氮肥总量的40%作为底肥、60%作为追肥，磷、钾肥全部作基肥。有条件的，可施用农家肥、测土配方施肥或者控释肥一次性底施。具备水肥一体化条件的地块，可根据不同密度群体的水肥需求规律，按需分次供给水肥
西南山地玉米区	上旬 中旬 下旬	贵州中海拔玉米4月上中旬播种，四川、重庆及云南一年一熟、两熟玉米播种出苗	**查苗补种**：适时间苗定苗，一般3叶间苗、4～5叶定苗；缺苗断垄严重的及时催芽补种或带土移栽。育苗移栽的及时补栽
南方丘陵玉米区	上旬 中旬 下旬	江西、湖北多地一年两熟春玉米播种出苗，广西等地一年两熟春玉米处于苗期—拔节期	**应对春旱**：西南山地玉米区易发生春旱，应合理调整播期防灾避灾。干旱常发生地区增施有机肥、因地制宜采取窝塘集雨等蓄水保墒耕作技术，提高土壤缓冲能力、建立积雨微水池；选择耐旱品种，采取地膜覆盖和育苗移栽等
			鲜食玉米打杈：鲜食玉米品种苗期分蘖多，且分蘖不成穗，建议前期生长偏旺情况下掰除分蘖

（续）

地域	时期	生育进程	主要农事
青藏高原玉米区	中旬	青海东部农业区播种，柴达木盆地青贮玉米开始播种	适时备耕备播，根据各地光温资源条件和生产实际，科学布局品种，因地制宜选择优质专用型或粮饲兼用型青贮玉米品种，确保籽粒安全成熟和高产优质
	下旬	青海环湖地区及海南台地青贮玉米开始播种	

重庆酉阳土家族苗族自治县玉米生育进程（2023.4.20）

四川广安市广安区玉米
生育进程（2024.4.30）

广西百色市凌云县玉米
生育进程（2023.4.10）

云南曲靖市宣威市玉米
生育进程（2023.4.30）

5月

5　　月			
地域	时期	生育进程	主要农事
北方春播玉米区	上旬	黑龙江三、四积温带，内蒙古东部呼伦贝尔市岭东、兴安盟等地开始播种，吉林、黑龙江进入播种高峰期	合理增密：科学选择品种，高质量种子包衣，合理确定适宜种植密度，一般地块亩保苗3 500～4 000株。整地质量高、土壤保水保肥能力强、生产条件整体较好且选用耐密抗倒玉米品种的地块，亩保苗密度可增至4 500～5 000株。具备水肥一体化条件的，在选择耐密品种、做好拔节化控、配套水肥精准调控技术的条件下，可因地制宜合理增密至5 500～6 500株/亩。西北地区有条件的可继续适度增密
	中旬	黑龙江五、六积温带开始播种	
	下旬	河北、山西等局部地区播种，大部地区玉米处于出苗—苗期	
西北灌溉玉米区	上旬	新疆部分地区继续播种	化学除草：播后因地制宜进行化学除草，墒情较好且地表秸秆覆盖量不大的地块，以播后苗前封闭除草为主；墒情不好且地表秸秆覆盖量大的地块，以苗后茎叶除草为主；苗前未化学除草或封闭除草效果不好的地块，可结合天气情况在玉米3～5叶期、杂草2～4叶期及时除草
	中旬下旬	一年一熟春玉米多处于苗期	
西南山地玉米区	上旬中旬下旬	贵州高海拔地区5月上旬开始播种，四川、云南部分地区继续播种夏玉米，广西、重庆等地一年一熟、两熟春玉米处于苗期—拔节期	防控病虫：重点关注草地贪夜蛾、黏虫、玉米螟、地下害虫、大小斑病等病虫害，加强监测预警，做到早预防、早防治。按照"预防为主、综合防治"原则，采用农业防治、生态调控、理化诱控、生物防治、化学防治等手段，推动绿色防控与统防统治融合
南方丘陵玉米区	上旬中旬下旬	春玉米多处于苗期—拔节期，部分早播春玉米进入大喇叭口期—灌浆期。湖北等地一年两熟夏玉米5月下旬陆续播种	防灾减灾：西南地区易旱涝急转，春旱常发地区应充分挖掘水源，加强田间管理，使用浅中耕等措施，减少蒸发；苗期涝害常发地区注意疏通沟渠、浅中耕划锄等通气散墒，对泡水、过水地块应及时追补养分，氮钾肥搭配施用

（续）

地域	时期	生育进程	主要农事
青藏高原玉米区	上旬中旬下旬	5月上中旬青海环湖地区等继续播种，西藏拉萨河谷农区开始播种 5月中下旬日喀则低海拔区开始播种，多数地区处于苗期—拔节期	有必要的进行查苗补种，间苗定苗，适时视情况开展化学除草、中耕划锄等

四川自贡市荣县玉米生育进程（2023.5.20）

云南曲靖市宣威市玉米生育进程（2023.5.20）

广西崇左市江州区玉米生育进程（2023.5.20）

湖北武汉市黄陂区玉米生育进程（2023.5.20）

黑龙江齐齐哈尔市克山县玉米生育进程（2023.5.30）

内蒙古包头市土默特右旗玉米生育进程（2023.5.31）

山西朔州市朔城区玉米生育进程（2024.5.30）

6月

6 月			
地域	时期	生育进程	主要农事
北方春播玉米区	上旬 中旬	一年一熟春玉米多处于苗期—拔节期	适时中耕：人工铲地或机械中耕疏松土壤，提高地温，兼顾除草，有条件的可进行两次中耕；播种时没有施用种肥的地块苗期追施苗肥，对小苗、弱苗适当施偏肥，促进生长发育，可5～7叶期结合中耕机械深施。东北西部半干旱区有灌溉条件且采取保护性耕作的，中耕时可开展开沟培土起垄作业
	下旬	内蒙古西部、辽宁、陕西、甘肃局地春玉米进入大喇叭口期	
西北灌溉玉米区	上旬 中旬	一年一熟春玉米多处于苗期—拔节期，新疆复播玉米开始播种	适当蹲苗：苗期适度干旱可促进根系发育，促进壮苗。蹲苗应掌握"蹲黑不蹲黄，蹲肥不蹲瘦，蹲湿不蹲干"的原则
	下旬	大部地区一年一熟春玉米处于拔节—大喇叭口期	化控防倒：密植栽培田块可在玉米6～8片叶展开期，叶面均匀喷施玉米专用生长调节剂，控制基部节间伸长。要求在无风无雨的10时前或16时后喷施，力求喷施均匀，不要重复喷施，也不要漏喷
黄淮海夏播玉米区	上旬 中旬 下旬	6月上中旬河南、安徽、江苏等地一年两熟夏玉米开始大面积播种 6月中下旬山西南部、河北中南部和东部等地一年两熟夏玉米大面积播种	抢时早播：小麦或其他前茬作物收获后及时抢播夏玉米，争取中南部6月15日前、北部6月20日前完成播种。根据品种特性及生产条件确定适宜种植密度。一般地块每亩保苗4 000～4 500株，耐密品种和高产田可适当提高密度。适墒播种，墒情不足时播后及时浇"蒙头水"，确保一播全苗 高效肥水：前茬小麦秸秆还田地块以施氮肥为主，配合一定数量钾肥，并补施适量微肥。其中，1/3氮肥和全部钾肥、微肥随播种侧深施入，建议种、肥异位同播，选用高质量专用控释肥一次底深施。施肥后，若土壤墒情不足应及时浇水，有条件的可采用水肥一体化

（续）

地域	时期	生育进程	主要农事
西南山地玉米区	上旬 中旬 下旬	多处于拔节期—开花吐丝期，部分早播春玉米进入灌浆期，广西防城港玉米—甘薯模式一年两熟春玉米即将成熟	增施穗肥：肥料占总用量的30%左右，具备水肥一体化条件的地块，可根据不同密度群体的水肥需求规律，在拔节、大喇叭口、吐丝、灌浆期，分次滴灌和追肥
南方丘陵玉米区	上旬 中旬 下旬	多处于拔节期—开花吐丝期，部分早播春玉米进入灌浆期，福建、广东等地春玉米6月中旬起陆续成熟	病虫防控：南方和西南地区进入雨季，田间容易形成高温高湿小气候，注意大小斑病、纹枯病、青枯病、南方锈病、草地贪夜蛾、黏虫、玉米螟、桃蛀螟、棉铃虫、蚜虫等，及时防治
青藏高原玉米区	上旬 中旬 下旬	多处于苗期，青海东部农业区等地6月中旬进入拔节期	苗期农事参考北方春播玉米区

注：苗期病虫害防控，东北地区重点关注顶腐病、根腐病、粗缩病、小地老虎、蛴螬、金针虫等病虫害；黄淮海地区重点关注根腐病、粗缩病、褐斑病、小地老虎、金针虫、蛴螬、黏虫、二点委夜蛾等；西北地区重点关注顶腐病、根腐病、粗缩病、小地老虎、蛴螬、金针虫等病虫害；西南地区重点关注根腐病、矮花叶病、粗缩病、小地老虎、蛴螬、二点委夜蛾、草地贪夜蛾等。

湖北武汉市黄陂区玉米生育进程（2023.6.20）

四川宜宾市叙州区玉米生育进程（2023.6.20）

宁夏吴忠市同心县玉米生育进程（2023.6.30）

河北唐山市滦州市玉米生育进程（2023.6.30）

内蒙古兴安盟科尔沁右翼前旗玉米生育进程（2023.6.30）

7 月

7　月			
地域	时期	生育进程	主要农事
北方春播玉米区	上旬	多处于拔节期—大喇叭口期，辽宁等局地进入开花吐丝期	加强田间管理：春玉米拔节期—抽雄期是吸收氮素的第一个高峰，该期对养分、水分需求量大，且对环境敏感，应密切关注天气变化和植株长势，确保玉米吐丝授粉、灌浆等关键阶段不脱肥、不受旱、不早衰。视情况追施速效氮肥等，开展"一喷多促"作业（详见8月一喷多促）
	中旬	多处于大喇叭口期—开花吐丝期	
	下旬	多处于抽雄期—灌浆期	
西北灌溉玉米区	上旬	多处于拔节期—大喇叭口期，甘肃沿黄灌溉区、新疆伊犁哈萨克自治州等部分地区陆续进入开花吐丝期	防灾减灾：汛期旱涝等气象灾害风险升高，应密切关注天气变化，及早制定防灾预案。对出现旱情的田块及时灌溉补墒，防止高温干旱叠加；对可能遭遇持续高温的地区，有条件的田块可进行叶面喷水降温。渍涝田块注意降渍排涝，疏通沟渠，加紧排水，有条件的划锄散墒。尤其抽雄吐丝散粉关键期，对可能发生高温、连阴雨等影响授粉结实质量的地区，及早辅助授粉，可在9—11时散粉高峰期采用无人机在植株顶端3~4米附近飞行，扩大散粉覆盖区域，提高授粉结实率
	中旬	多处于大喇叭口期—开花吐丝期，新疆局地进入灌浆期	
	下旬	多处于抽雄期—灌浆期	

（续）

地域	时期	生育进程	主要农事
黄淮海夏播玉米区	上旬 中旬	多数一年两熟夏玉米处于出苗—大喇叭口期，如江苏北部、中东部小麦—夏玉米7月上中旬拔节，河北中南部7月中旬拔节	苗期做好除草，适当蹲苗，播后苗前及时进行化学封闭除草，或在苗期（三叶一心至五叶期）选用适宜除草剂进行苗后除草。规范喷药时机、方法和用量，避免重喷、漏喷和发生药害 拔节期—大喇叭口期可视情况追施穗肥，可增施适量钾肥，有水肥一体化设施的分次施用，高产地块可适当增加施肥量。密植地块适当施用生长调节剂，控制基部节间伸长，化控防倒
	下旬	多数一年两熟夏玉米处于拔节期—开花吐丝期，如河南7月中下旬进入大喇叭口期，河北唐山夏玉米7月中下旬拔节	大喇叭口期—开花吐丝期加强防灾减灾，可参考北方春播玉米区措施，有条件的可落实一喷多促技术措施（详见8月—喷多促）
西南山地玉米区、南方丘陵玉米区	上旬 中旬 下旬	春玉米多处于开花吐丝期—灌浆成熟期，夏玉米多处于拔节期—大喇叭口期，如重庆潼南一年两熟油菜—春玉米7月中下旬成熟；湖北一年两熟小麦—夏玉米7月多处于拔节期—大喇叭口期	看苗追肥：玉米抽雄至成熟是产量形成的关键期，应注重防止茎秆早衰和倒伏，促进籽粒灌浆，视情况于吐丝期叶色渐淡时追施粒肥 防灾减损：玉米中后期植株高大郁闭加之夏季酷热高温，自然灾害和病虫风险升高。应注意防范高温热害、风灾倒伏、雨季积水渍涝等，风灾后视情况扶正植株，渍涝地块及时清除植株上的泥沙和杂物，促进叶片尽快恢复光合作用和生理机能，加快排水散墒和补肥。同时加强病虫防控
青藏高原玉米区	上旬 中旬 下旬	多处于拔节期—大喇叭口期，青海东部农业区7月下旬进入开花吐丝期	穗期农事参考北方春播玉米区

注："一喷多促"是玉米、大豆等秋粮作物中后期田间管理关键技术，通过一次或多次喷施杀虫杀菌剂、生长调节剂、抗旱保水剂等混合液，促壮苗稳长、促灾后恢复、促灌浆成熟、促单产提升。穗期病虫害防控上，东北地区重点关注玉米螟、黏虫、大小斑病、茎腐病、穗腐病等；黄淮海地区重点关注玉米螟、黏虫、蚜虫、锈病、大小斑病等；西北地区重点关注红蜘蛛、玉米螟、黏虫、双斑萤叶甲、叶斑病等；西南地区重点关注草地贪夜蛾、玉米螟、黏虫、大小斑病等。

云南曲靖市宣威市玉米生育进程（2023.7.10）

重庆梁平区玉米生育进程（2023.7.20）

青海海东市互助土族自治县玉米
生育进程（2023.7.10）

黑龙江哈尔滨市双城区玉米生育进程
（2023.7.20）

山东临沂市莒南县玉米生育进程
（2023.7.30）

8月

8 月			
地域	时期	生育进程	主要农事
北方春播玉米区	上旬 中旬 下旬	多处于灌浆期—乳熟末期。如内蒙古东部通辽8月上旬开始灌浆，甘肃黄土高原旱作区8月中旬陆续乳熟	风险防范：8月台风、暴雨、洪涝、高温、干旱等自然灾害风险提升，加之植株抗性降低，易受病虫害侵袭，应注意风险防范。干旱田块浇好救命水，因干旱天气下玉米虫害有可能偏重发生，要加强玉米病虫害监测预警，做好绿色防控和统防统治，避免气象灾害和生物灾害叠加影响。低洼积水地块，及时疏通沟渠，排除田间积水，追补养分，渍涝地块病害可能偏重发生，应注重病虫尤其是病害防控；同时，清除植株上的泥沙和杂物，促进叶片尽快恢复光合作用和生理机能。风灾倒伏田块视情况扶正，对植株倾斜、未完全倒伏且没有相互叠压的田块，尽量维持现状，依靠玉米自身能力恢复生长。对植株完全倒伏、茎秆未折断的田块，根据实际情况及早垫扶穗，防止果穗贴地或相互叠压发芽霉变。对植株倒伏严重或茎秆折断无法恢复生长的田块，适时抢收。对部分难以形成籽粒的玉米，适时转为青贮，减少损失。对绝收和减产严重的地块，视情况改种露地蔬菜等作物
西北灌溉玉米区	上旬 中旬 下旬	多处于灌浆期—蜡熟期。如新疆乌鲁木齐8月上旬至中旬灌浆	
黄淮海夏播玉米区	上旬	多处于大喇叭口期—开花吐丝期，如江苏北部、中东部冬小麦—夏玉米8月上中旬进入大喇叭口期，河南8月上旬起陆续进入开花吐丝期	一喷多促：玉米拔节后至灌浆蜡熟前均可实施，视病虫发生情况和玉米长势，可进行一次至多次喷施。大喇叭口期—开花吐丝期重点是生长调节、补充穗肥，可使用芸薹素内酯等玉米专用生长调节剂；施用磷酸二氢钾等叶面肥，有条

（续）

地域	时期	生育进程	主要农事
黄淮海夏播玉米区	中旬下旬	多处于开花吐丝期—灌浆期，如河北中南部冬小麦—夏玉米8月中旬进入开花吐丝期，安徽江淮地区8月中旬进入灌浆期	的适当补充尿素等氮肥；因地制宜施用杀虫杀菌剂防控病虫。开花吐丝期—灌浆期重点是提高灌浆效率，增强群体抗性，可使用芸薹素内酯等玉米专用生长调节剂，灌浆中后期可使用吡唑醚菌酯等甲氧基丙烯酸酯类药剂兼顾防病和促进灌浆，配套施用磷酸二氢钾等叶面肥，因地制宜施用杀虫杀菌剂防控病虫。不同地区要注意科学合理选择喷施时间、时机和部位。农药使用量要按标签推荐剂量；优先选择植保无人机进行飞防作业，对于田间无电线杆等障碍物的集中连片田块也可以选择有人驾驶直升机或固定翼飞机开展航化作业，具备大型喷灌设备的可结合作业。采用植保无人飞机作业时亩喷施药液量应在1.5升以上，要注意添加沉降剂，控制适当飞行高度和速度，一般载重30升以下植保无人机飞行高度距玉米冠层2～3米，载重30升以上植保无人机飞行高度距玉米冠层3.5～4.5米，速度控制在3～5米/秒；并要规划好飞行线路、区域和边界，防止漏喷和重喷，防止喷雾雾滴飘移造成非靶标生物毒害和周边作物药害。喷施时间一般选择晴好天气，在9—18时无露水，且避开正午高温时间喷施。作业时风力应在三级以内，温度不超过30℃
西南山地玉米区、南方丘陵玉米区	上旬中旬下旬	春玉米多处于灌浆期—成熟期，夏玉米多处于开花吐丝期—灌浆期，局部晚播田块仍有处于拔节期—抽雄期的玉米	防灾减损：详见北方春播玉米区风险防范，对于绝收或减产严重地块视情况补改种，或结合后茬作物布局及时清茬整地 适时收获：根据实际需求，对专用青贮玉米蜡熟期适时收获；对籽粒玉米，达到生理成熟期适时收获

（续）

地域	时期	生育进程	主要农事
青藏高原玉米区	上旬 中旬 下旬	多处于抽雄期—灌浆期，青海西藏多地青贮玉米8月中下旬起陆续收获	对青贮玉米，蜡熟期适时收获，一般乳线处于1/3～1/2时收割贮存，详见北方春播玉米区9月

注：花粒期病虫害防控，东北地区重点关注玉米螟、黏虫、大小斑病；黄淮海地区重点关注玉米螟、黏虫、蚜虫、锈病、南方锈病、大小斑病；西北地区重点关注红蜘蛛、玉米螟、黏虫、双斑萤叶甲、叶斑病等；西南地区重点关注草地贪夜蛾、玉米螟、黏虫、大小斑病等。

安徽蚌埠市固镇县玉米生育进程（2023.8.10）

新疆塔城地区裕民县玉米生育进程（2023.8.20）

甘肃定西市通渭县玉米生育进程
（2023.8.30）

云南曲靖市宣威市玉米生育进程
（2023.8.20）

湖北武汉市黄陂区玉米生育进程
（2023.8.10）

9月

9 月			
地域	时期	生育进程	主要农事
北方春播玉米区	上旬 中旬 下旬	多处于灌浆期—成熟期,如黑龙江一、二积温带9月上旬灌浆乳熟,黑龙江五、六积温带9月上中旬成熟	**注意早霜**:密切关注天气变化,提前做好防范准备。早霜来临前,玉米可提前喷施磷酸二氢钾或抗寒制剂;早霜发生时,可在地块上风口处,用秸秆、树叶、杂草等作燃料造烟防霜,提高近地面温度;早霜后,可视情况推迟收获,延长作物后熟生长时间。若面临酷霜,视情况于霜前1~2天把玉米割倒,集中放成"铺子"进行后熟,提高产量和质量
西北灌溉玉米区	上旬 中旬 下旬	多处于灌浆乳熟—熟收获期,如新疆博乐市9月上旬完成灌浆,9月中下旬成熟收获。新疆和田地区复播玉米9月下旬陆续成熟	**适时青贮**:专用青贮玉米的最适收获期为乳熟末期—蜡熟初期,全株含水率平均为65%~70%,干物质含量达到30%以上。如以籽粒乳线位置作为判别标准,乳线处于1/3~1/2时适期机械收割。收获过早,则植株含水量高、干物质少;收获过晚,则酸性洗涤纤维增高、消化吸收率降低,同时因水分降低,不易压紧,导致青贮发霉变质,品质下降等。收割后及时运到加工地点,尽可能做到当天收割当天加工贮存。对遭遇极端危害导致穗分化异常和严重减产的籽粒玉米地块,可视情况转作青贮,降低灾害损失 **机械收获**:根据籽粒乳线高度和脱水进程适时收获,机械收获果穗后要及时晾晒防霉变;提倡采取机械直收籽粒,可在籽粒含水率降至25%以下时进行,并及时烘干

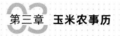

（续）

地域	时期	生育进程	主要农事
黄淮海夏播玉米区	上旬 中旬 下旬	多处于灌浆期—成熟期，如山西南部9月上旬进入灌浆期，安徽淮北地区9月下旬起进入成熟期	风险防范：灌浆期—乳熟期仍可采用一喷多促作业，注意加强自然灾害和病虫风险防范，做好统防统治，可参考8月北方春播玉米区。此外也要注意防植株早衰和贪青晚熟，其中早衰指玉米灌浆乳熟阶段植株叶片枯萎黄化、果穗苞叶松散下垂、茎秆基部变软易折、千粒重降低等，应注重保证营养、增强光合作用，防止不必要的养分消耗，有条件的掰除无效穗，保障主穗正常生长发育。贪青晚熟玉米营养生长过旺，生殖生长延迟，会导致成熟延迟、病虫害和倒伏。应中后期喷施磷酸二氢钾，增施钾肥，减少氮肥投入；有条件的可除去空秆和小株，打掉底叶
西南山地玉米区、南方丘陵玉米区	上旬 中旬 下旬	春玉米继续成熟收获，夏玉米多处于灌浆期—成熟期，秋玉米开始播种。如重庆黔江春玉米局地9月上旬成熟，云南昆明等地一年两熟夏玉米9月中下旬起收获，厦门一年三熟秋玉米9月上旬播种	加强收储：玉米达到生理成熟时适时收获。西南多地收获时籽粒含水率偏高（大于30%），主要收获果穗，收获后加强晾晒，预防霉变。有秸秆回收再利用的地块可选择穗茎兼收型玉米收获机。青贮专用玉米在乳熟末期—蜡熟初期采收，可选择青贮式收获机收割，青贮收割部位应在茎基部距离地面3~5厘米 秸秆处理：该区玉米秸秆主要用作饲料、燃料，部分直接还田。秸秆粉碎还田应细碎均匀，长度不大于10厘米，田间尽量不留长秸秆 适期播种：加快前茬作物秸秆处理和条带耕作精细整地，选择通过国家或省级审定的熟期适宜、株型紧凑、耐密抗倒、抗病抗虫的优质品种，适期播种，科学施肥

（续）

地域	时期	生育进程	主要农事
青藏高原 玉米区	上旬 中旬 下旬	青海东部农业区青贮和籽粒玉米继续收获，环湖地区及海南台地青贮玉米中下旬收获	青贮玉米和籽粒玉米收获参考北方春播玉米区

天津武清区玉米生育进程（2023.9.10）

内蒙古巴彦淖尔市玉米生育进程（2023.9.10）

山西忻州市玉米生育进程（2023.9.10）

云南曲靖市宣威市玉米生育进程（2023.9.10）

10 月

		10 月	
地域	时期	生育进程	主要农事
北方春播玉米区	上旬	多处于成熟收获期	**机械收获**：同 9 月机械收获 **秸秆还田**：根据实际需求和当地资源环境，因地制宜秸秆裹包离田、粉碎还田、覆盖还田等，粉碎还田要求秸秆细碎均匀，长度不大于 10 厘米，留茬高度小于 15 厘米
	中旬	继续收获	
西北灌溉玉米区	上旬	多处于成熟收获期	**秋后整地**：东北半干旱区、半湿润区为促进来年适期适墒播种，推荐进行春旱秋防整地。有条件地区一般 10 月底前进行旋耕灭茬，深度 15 厘米以上，根茬粉碎后长度不超过 5 厘米。灭茬后进行起垄或复式作业起垄，达到播种状态，保证土壤紧实度适宜，以利于保墒。东北湿润区可秋后深松少耕，秸秆粉碎还田，创造良好土壤条件。西北地区因地制宜秋翻冬灌、秸秆还田，抑制耕地次生盐渍化，改良土壤结构，减少病虫害越冬基数
	中旬	继续收获	
黄淮海夏播玉米区	上旬 中旬	成熟收获，如江苏北部、中东部冬小麦—夏玉米一年两熟模式，夏玉米 9 月下旬—10 月上旬进入成熟期，山西运城 10 月上旬进入成熟期	**适时晚收**：一般夏玉米花粒期后 50～60 天，有效积温满足灌浆所需，进入成熟期。玉米最佳收获期为生理成熟期，即籽粒基部和穗轴交界处出现黑层，籽粒乳线消失，果穗苞叶变白并松散，植株中下部叶片变黄，基部叶片干枯，同时籽粒变硬并呈现出品种固有的色泽，含水率降至 30% 以下。一般日均温达 16℃ 以下玉米灌浆速度明显下降，14℃ 以下基本停止灌浆。应根据品种特性、茬口要求和天气条件适当晚收，以

（续）

地域	时期	生育进程	主要农事
			延长 10 天左右收获为宜。黄淮海北片建议 10 月 5—10 日收获，不迟于 10 月 15 日；黄淮海南片可延迟到 10 月 10—20 日收获，不迟于 10 月 25 日，充分发挥品种高产潜力，加速果穗和籽粒脱水，确保丰产丰收
西南山地玉米区	上旬 中旬 下旬	春玉米、夏玉米继续成熟收获，局地秋玉米继续播种。如湖北荆门等地一年两熟夏玉米 9 月下旬—10 月上旬成熟，贵州高海拔区一年一熟玉米 10 月上旬成熟，福建漳州一年三熟秋玉米 10 月下旬播种	降水收储：继续做好机械收获和脱水储藏，玉米穗集中后及时晾晒或通风脱水，集中堆放的隔几天翻倒 1 次，防止捂堆霉变。玉米贮藏要求仓库干燥，通风凉爽，防潮隔热性能良好等。入库前仓库应清洁消毒，保证无虫。贮藏籽粒前应采用自然通风等，将水分降至 14% 以内。秸秆还田和适期播种同 9 月。苗期秋玉米适当蹲苗，做好中耕除草等
南方丘陵玉米区	上旬 中旬 下旬		
青藏高原玉米区	上旬 中旬	青海东部部分籽粒玉米完成收获	适时收获玉米籽粒，结合实际需求，秸秆可采收黄贮饲用

广西象州县籽粒玉米生育进程（2023.10.8）

广西百色市田阳区籽粒玉米生育进程（2023.10.18）

广西横州市鲜食玉米生育进程（20223.10.19）

11 月

11　　月			
地域	时期	生育进程	主要农事
西南山地玉米区、南方丘陵玉米区	上旬 中旬 下旬	局地一年两熟夏玉米继续收获，如广西桂林等地花生—玉米模式，7月中旬播种，11月下旬成熟。部分一年三熟秋玉米在田，如云南普洱等地9月中下旬播种玉米处于拔节至灌浆。局地开始播种冬玉米	籽粒玉米各生育时期田间农事参考其他月份 鲜食玉米直接收获新鲜果穗，适宜采收期相对较短。为降低大面积种植风险，提高种植效益，要精准市场定位，选定优势区域，确定生产规模。坚持市场导向、以销定产，根据市场预期和加工需求确定种植面积，防止盲目跟风大面积种植。做好分期分批播种，考虑市场需求，因地因时制宜，降低种植风险。可采用露地栽培、地膜覆盖栽培及温室大棚设施栽培等方式分期分批播种，实现市场周年供应，提高种植效益。根据当地生态条件，选择生育期适宜、丰产稳产性好、抗病抗逆性强、食用品质优良、适合当地种植的优质高产鲜食玉米品种。根据生产条件、土壤肥力、品种特性、管理水平等合理确定种植密度，宜稀不宜密，不可盲目增密。一般每亩3 000～3 500株，确保果穗授粉充分、结实良好、籽粒饱满，提高果穗等级和商品性

广西百色市右江区籽粒玉米生育进程（2023.11）

福建漳州市长泰区籽粒玉米
生育进程（2023.11）

12 月

12 月			
地域	时期	生育进程	主要农事
西南山地玉米区、南方丘陵玉米区	上旬中旬下旬	秋、冬播玉米在田，多为鲜食玉米，如广西防城港等地一年四熟三季鲜食玉米＋一季蔬菜模式，8月下旬播种鲜食玉米处于开花吐丝期—成熟期。云南西双版纳等地一年三熟鲜食玉米处于出苗—灌浆期	鲜食玉米隔离种植：鲜食玉米生产上要进行空间或时间隔离，与其他类型玉米相距300米以上，或错期播种，播期相隔25天左右，避免串粉，影响鲜食玉米的口感和品质 鲜食玉米肥水管理：以有机肥为主、化肥为辅，施肥应适当前移，巧施拔节肥，重施穗肥，补施粒肥。关键生育时期如遇旱应及时灌溉，防止因缺肥水而出现果穗秃尖等问题 鲜食玉米绿色防控：采取赤眼蜂、白僵菌防治等生物防治技术及时防治玉米螟，禁止使用化学农药，提高果穗商品性，确保食品安全

广西百色市右江区籽粒玉米生育进程（2023.12.14）

福建漳州市长泰区玉米生育进程（2023.12）

主要参考文献

梁志杰，陆卫平，等，1997. 特用玉米. 北京：中国农业出版社.

陆大雷，王龙俊，等，2021. 图说玉米. 南京：江苏凤凰科学技术出版社.

杨文钰，屠乃美，2011. 作物栽培学各论：南方本. 2 版. 北京：中国农业出版社.

于振文，2015. 作物栽培学各论：北方本. 2 版. 北京：中国农业出版社.

图书在版编目（CIP）数据

主要粮食作物种植制度与农事历．玉米 / 全国农业技术推广服务中心编著．-- 北京：中国农业出版社，2024. 6. -- ISBN 978-7-109-32169-4

Ⅰ. S31

中国国家版本馆 CIP 数据核字第 20247ML158 号

中国农业出版社出版

地址：北京市朝阳区麦子店街 18 号楼

邮编：100125

责任编辑：史佳丽

版式设计：杨　婧　　责任校对：吴丽婷

印刷：中农印务有限公司

版次：2024 年 6 月第 1 版

印次：2024 年 6 月北京第 1 次印刷

发行：新华书店北京发行所

开本：880mm×1230mm　1/32

印张：2.25　　插页：1

字数：56 千字

定价：20.00 元
